青少年心理深呼吸丛书

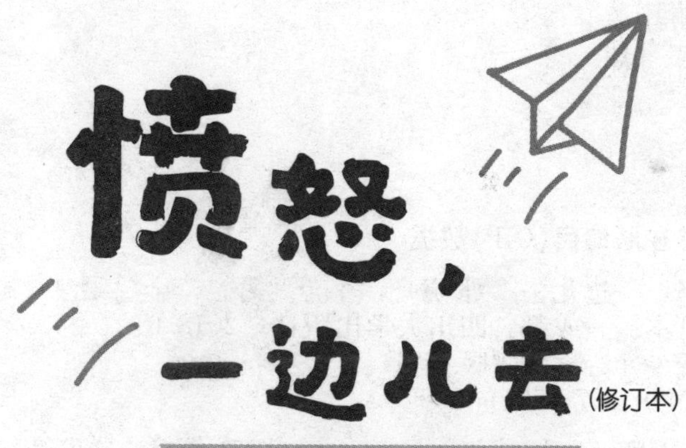

愤怒，一边儿去（修订本）

FENNU YIBIANER QU

张晓舟 李金兰 著

李金兰 绘

四川大学出版社

责任编辑:邱小平
责任校对:成　杰
封面绘画:大卫·凯力力
封面设计:青于蓝
责任印制:王　炜

图书在版编目(CIP)数据

愤怒，一边儿去 / 张晓舟，李金兰著；李金兰绘.
—修订本. —成都：四川大学出版社，2018.6
（青少年心理深呼吸丛书）
ISBN 978-7-5690-2008-3

Ⅰ.①愤… Ⅱ.①张… ②李… Ⅲ.①愤怒－自我控制－青少年读物 Ⅳ.①B842.6-49

中国版本图书馆 CIP 数据核字（2018）第 148167 号

书名　愤怒，一边儿去（修订本）

著　　者　张晓舟　李金兰
绘　　画　李金兰
出　　版　四川大学出版社
地　　址　成都市一环路南一段 24 号（610065）
发　　行　四川大学出版社
书　　号　ISBN 978-7-5690-2008-3
印　　刷　北京长宁印刷有限公司天津分公司
成品尺寸　145 mm×210 mm
印　　张　3.5
字　　数　97 千字
版　　次　2018 年 10 月第 2 版
印　　次　2019 年 5 月第 2 次印刷
定　　价　19.80 元

◆读者邮购本书,请与本社发行科联系。
电话:(028)85408408/(028)85401670/
(028)85408023　邮政编码:610065
◆本社图书如有印装质量问题,请
寄回出版社调换。
◆网址:http://press.scu.edu.cn

写在前面的话

青少年时期是人生成长的关键时期。青少年面临巨大的学习压力，不仅需要全面学习知识、提升认识、增强能力、丰富经验，而且需要突破自我，在自我否定中发展自我；有时还不得不面对父母、老师规划的路线与自我需求之间的矛盾冲突。心理学家据此把青少年成长期称为挣扎期。这一时期青少年出现较多心理困扰和心理问题是难免的。但这些心理困扰和心理问题多为情境性和一时性的，是其成长过程中知识、经验、能力、精力不足和外部环境压力太大所致，这些心理困扰可以通过辅导和自学有关知识得以解决。学习自我解决心理困扰，也是青少年成长的一个重要方面。

现在越来越多的心理学自助读物和心理辅导读物面世，这对处于挣扎期的广大青少年是一个福音。但是现在青少年学习压力大、时间少，亟须更简略、更生动形象地讲解心理学基本知识的读物。我们希望这套《青少年心理深呼吸丛书》可让大家轻松愉快地了解心理学的实用知识。

从心理学角度看，做深呼吸可以帮助我们遇事冷静下来，从而更客观地评估情境，更好地选择处理问题的方式。从时间上来说，做深呼吸为我们的瞬时反应争取了时间，我们可以更从容地组织自己的资源。我们希望这套漫画丛书让青少年朋友面对问题时做做心理“深呼吸”，从容应对。

在书中我们比较强调通过调动自我内心资源来解决心理困惑和成长中的烦恼，希望大家多问问自己“我到底要什么”来审视自己内心的真正需要，强调通过改变价值追求、思维模式、生活态度，尝试新的应对模式来消除自己的心理困惑。

我们希望青少年朋友用书中介绍的方法来改变自己的心态，学会在更广阔的背景中，更长远的发展阶段中来认识自己，看待身边的事情，思考社会和生活，提升自己的心理素质。

《青少年心理深呼吸丛书》面世以来，多次重印，深受广大读者喜爱。我们借这次再版机会，对第一版的内容进行了少量修订；同时，将《解释，改变生活》书名更改为《谬见，一边儿去》，使本丛书在形式上更趋一致。希望再版后的《青少年心理深呼吸丛书》能给读者带来新的启迪和帮助！

本丛书再版封面得到了美国电气工程博士大卫·凯力力（Dr. Davood Khalili）的倾力相助。他曾著有绘本《波波力谈生活与科学》（*A Bird Named Boboli: Life and Science*），他的作品想象奇特，充满趣味。在此，我们向凯力力博士表示衷心的感谢！

张晓舟

2018年6月

目 录

愤怒 1 是人们常见的情绪

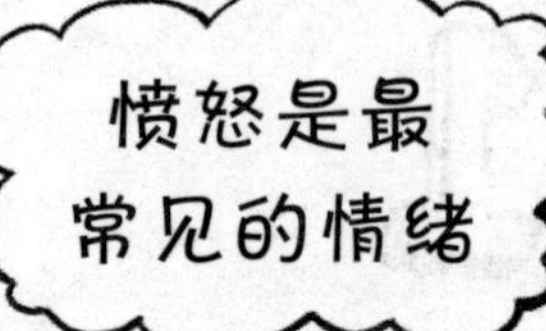

愤怒是人们最常见的情绪，也是最自然的情绪表达。

喜、怒、哀、乐都是人类自然的情绪表达，其中"怒"的情绪波动最大，其影响力也最为明显。生活中，不管男女老少，每一个人都会因大小事情的不顺心而发怒，甚至怒气冲天。

痘仔和同学斗起来，怒火冲天，谁也不让谁。

其实，人类在 3 个月大的婴儿时期就开始有愤怒的表情，这是对欲求不满的表达。但婴儿的愤怒表达方式很单一，就是哭闹。

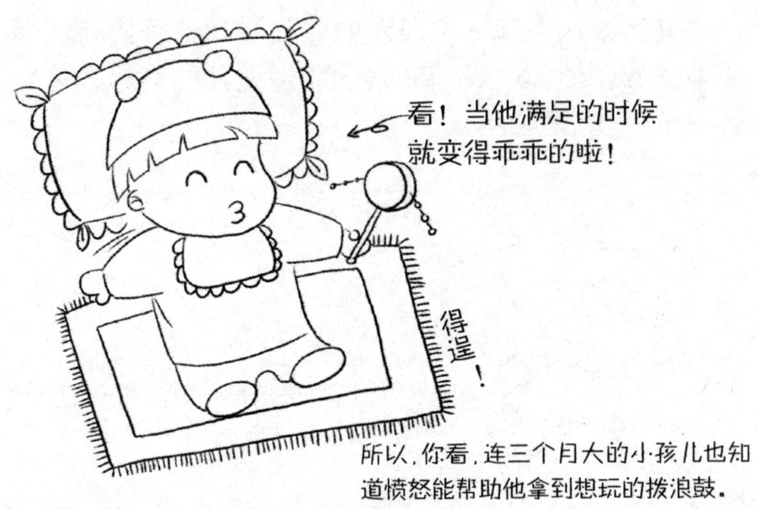

不光是小孩儿有愤怒情绪，大人也常常会因为各种原因产生愤怒的情绪。

每次老爸发怒打了痘仔，痘仔只是一时的“痛定思痛”，决心好好读书，可是每次他都是承认错误快，犯错误更快。老爸“黄荆棍下出好人”的理念也不起效。

一般情况下，人们发怒都是有一定原因的，但是事情不同，处理的方式方法就应该有不同，单一的发怒并不能解决所有的问题。

你有权利愤怒

每个人都有愤怒的权利，你有权利表达愤怒，不要压抑自己的坏心情。

痘丫每次也都逆来顺受，只怪自己运气不好。而且妈妈说过，教养好的女孩子是不会发怒的。只有坏女孩，才会龇牙咧嘴地发火。

所以，每次痘丫都忍受着……

终于有一天……
我不能就这样一直
任由他欺负！
痘仔又欺负痘丫了！
爆发吧！！
不在沉默中爆发，
就在沉默中灭亡！
痘丫怒了！
把东西还给我！
还给我！
哈哈，偏不！
哈哈！小绵羊
发怒了！

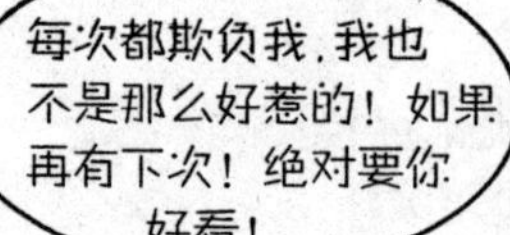

俗话说，“兔子急了还要咬人呢！”
更何况是怨气被积压了那么久的痘丫。
从此，痘仔不敢随意欺负痘丫了……

愤怒是你的权利，当你的利益受到侵害时，你可以选择愤怒。如果一味的忍让，只能招来得寸进尺的伤害。所以，请不要剥夺自己愤怒的权利！

愤怒是一种能量的释放，
一种来自心底的能量。
愤怒需要宣泄，
它就像地表下的熔岩，
或喷发出来，
或在地下涌动。

如果怒火一直在心中燃烧，就会严重地伤害自己，所以，如果可能，就让愤怒适当宣泄吧！

如果怒火一直在心中燃烧，就会灼伤自己。

所以，我们可以适当宣泄自己的愤怒！

发怒可以使我们摆脱压抑，宣泄感情，但是，愤怒具有两重性，在爆发时它也具有破坏性，也需要较长时间才能平息。

既然是能量的释放，就会有破坏性。发怒具有的破坏性如果控制不当，不仅伤害自己，也波及身边的人和物。

仔细回想一下，你平时经常发怒吗？
发怒的方式是怎样的呢？
为什么要发怒？
发怒的结果是怎样的呢？
请写在下面的方框内。

为什么我们常常会有愤怒的情绪产生呢？让我们一起去寻找答案吧！

　　愤怒常常发生在人与人的互动情景中。当我们在互动中感到不公平、屈辱时就会产生愤怒，我们在感受到威胁和挫折时也会愤怒。

在愤怒的同时，
心也像被撕裂一般难受。

愤怒情绪产生的原因有许多种，有缘于情感的愤怒，有缘于理想的愤怒，有缘于秩序的愤怒，有缘于能力的愤怒，还有缘于利益和压力的愤怒。

缘于情感的愤怒

缘于情感的愤怒——委屈、难堪、尴尬、羞愧

委屈

当我们无缘无故遭受到误解或责备时，因委屈而产生愤怒。

难堪

发怒有时也是我们无法应对窘境时的情绪爆发。当我们面对挑战应对自如的时候，我们就不会愤怒，而是兴奋

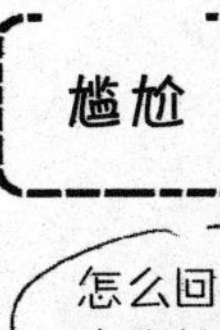

发怒常常是我们希望摆脱窘境的一种方式。

羞愧

痘仔终于可以在同学面前显摆一下自己组装的飞机了，在同学们面前小小的吹吹牛也无大碍。

本来想得到大家伙的称赞和羡慕，只可惜……

唉！意外！纯粹是意外……

掉下来了，555……

都在嘲笑我，
真没面子
这种情况真尴尬，
丢脸死了。真想
找个地缝钻进去。
痞仔号
破东西！
都怪这该死的破玩意儿，
一点也不争气，好歹也
给我挣个脸呀！破东西！
痞仔号

缘于理想的愤怒

大多数愤怒与我们的利益、情感受挫，以及所处情景有关，而缘于理想的愤怒则因为触及了我们公平正义的底线。

希望破灭的愤怒

心中有所期望，当期望破灭的时候我们会把愤怒发泄到破坏我们期望的对象身上。

因为心中有期望，一旦现实与所期望的相差甚远就会产生不满情绪，聚集到一定程度就会爆发。

朋友的背叛

理想中的朋友是忠诚的，
因而朋友的背叛会让我们感到愤怒。

当被朋友背叛的时候，一想到她无视自己对她的信任，就非常愤怒。

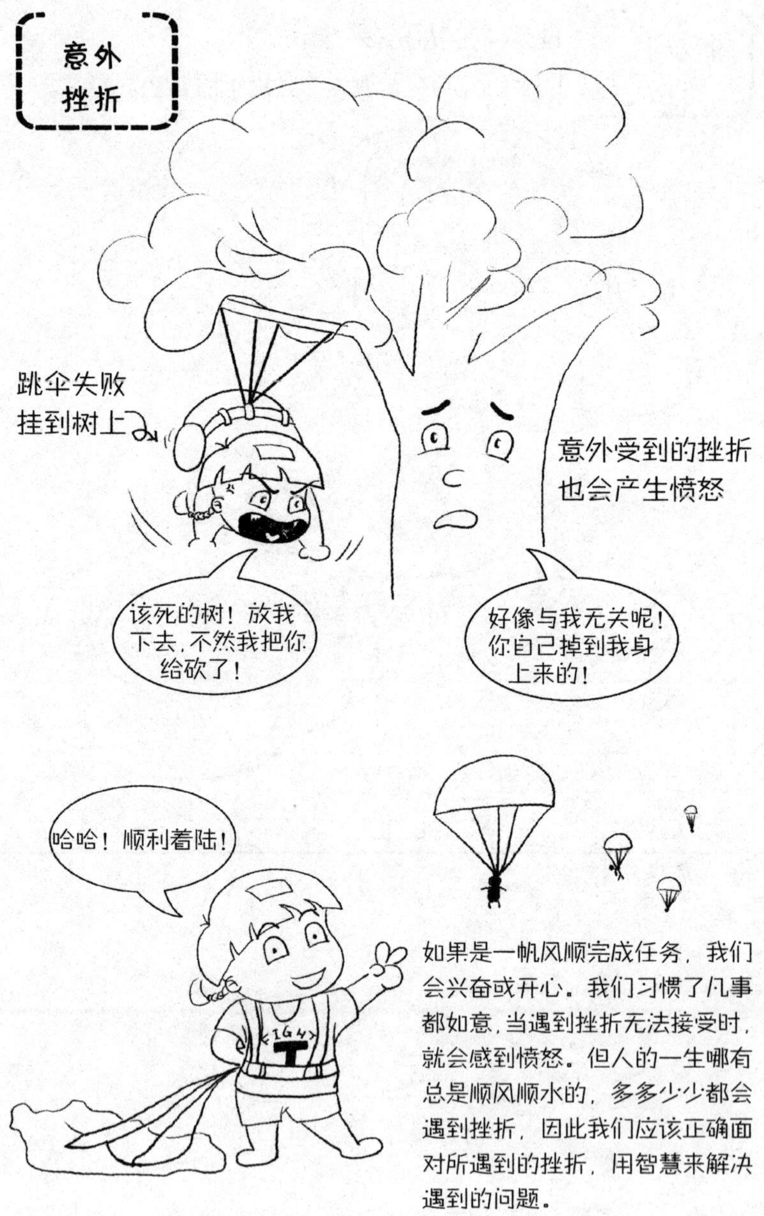

如果是一帆风顺完成任务，我们会兴奋或开心。我们习惯了凡事都如意，当遇到挫折无法接受时，就会感到愤怒。但人的一生哪有总是顺风顺水的，多多少少都会遇到挫折，因此我们应该正确面对所遇到的挫折，用智慧来解决遇到的问题。

缘于秩序被打破的愤怒

缘于秩序被打破的愤怒
——自己生活中正常秩序被打乱，感到愤怒

秩序被打乱

一般情况下，当我们习惯的正常秩序被打破也会引起愤怒，因为社会、群体的正常秩序是给我们提供安全和正常生活的保障。

比如，在课堂上……

痘仔因为课堂秩序被两位讲话的同学破坏了，不顾一切愤怒地站起来阻止，可惜他也不自觉地破坏了纪律。

外面的世界很精彩
对面的女孩看过来……
平静状态被打破
烦死了！烦死了！
对面的女孩看过来~
EIGHT

当无法克服困难，无法应对挑战的时候就会产生愤怒。愤怒表达的是我们面对困局无能为力的沮丧。

看了《灌篮高手》，里面帅气的投篮动作对女生很受用，就是投篮嘛，很简单的，我也会！

一个球都没有投进去，什么烂球，也不知道是谁修建的球桩……

是老师就可
以这样吗！

我告诉过你，
上课再讲话就把
你的嘴封起来！

上课讲话

FIGHT

当我们的利益受损、人身被攻击、自由受限制、权利受到挑战的时候会产生愤怒的情绪。

FIGHT

利益受损

但每当有人独占或多占利益时，利益受损方会因为不公平而感到愤怒。

自由受到限制

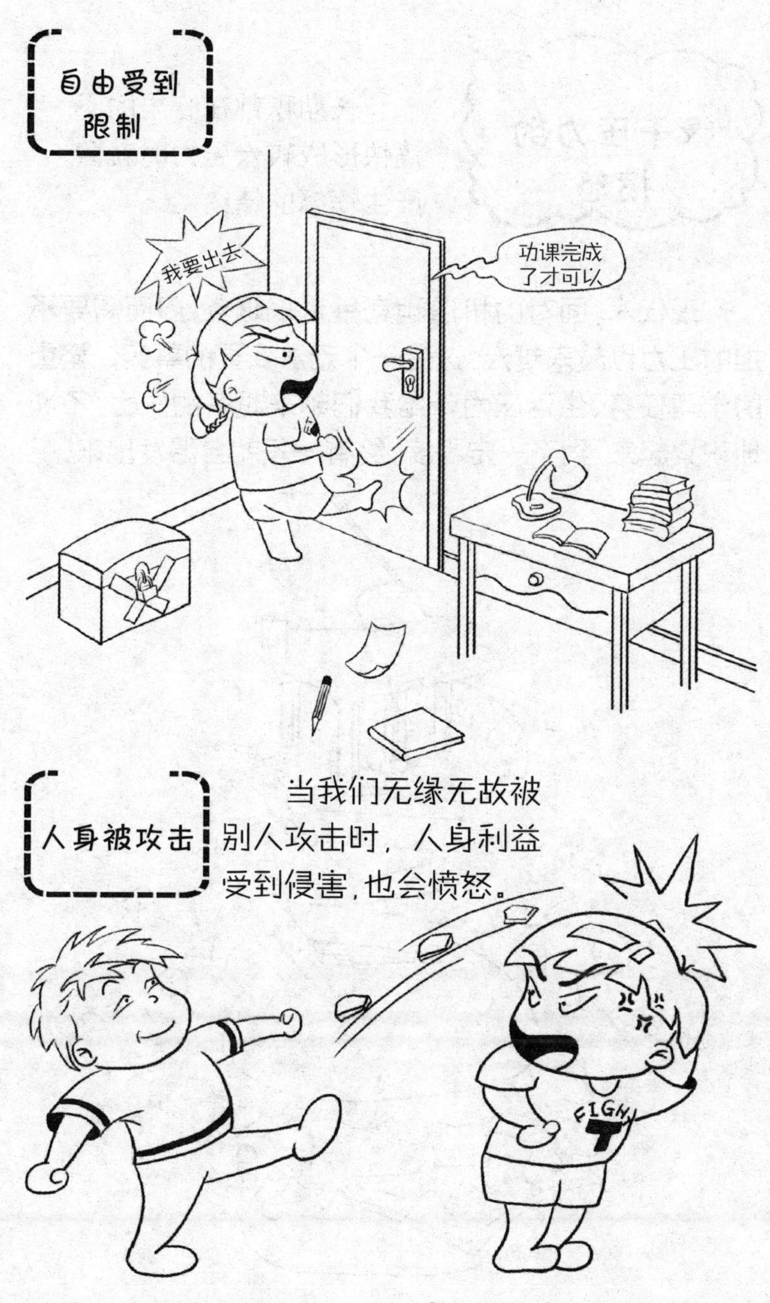

人身被攻击

当我们无缘无故被别人攻击时，人身利益受到侵害，也会愤怒。

长期积郁在心里的不痛快形成较大压力时就会产生愤怒的情绪

现代人，面对的机遇和竞争越来越多，因而需要承担的压力也越来越大，这是一个无法变更的事实。繁重的学习任务、生活压力带给我们越来越多的压力，不断地积累起来，到了一定程度，终有一天就会爆发出来。

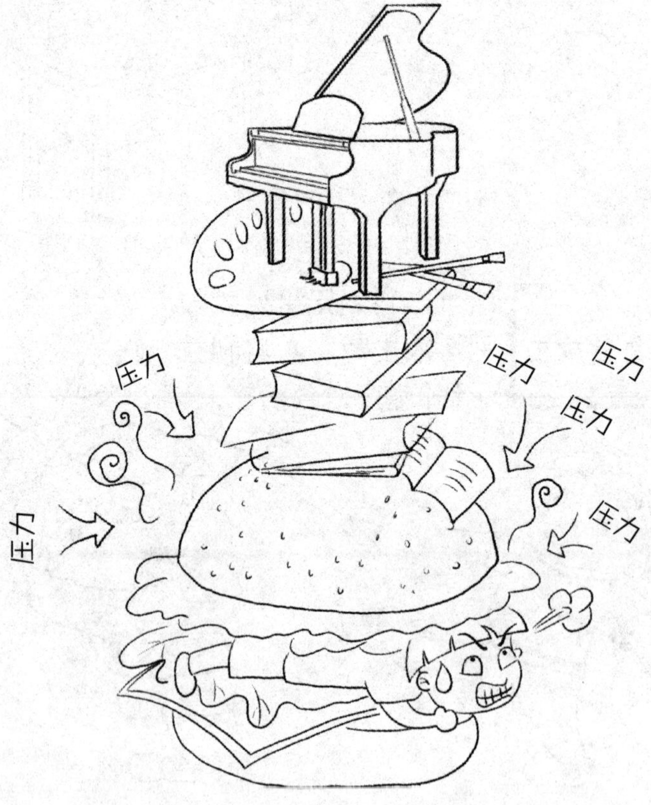

老师天天都在责骂我，妈妈也常常拿分数来打压我，同学们也都爱嘲笑我，越想越气！

压力的积累，到了一定程度会通过愤怒爆发出来。

学习！学习！学习！只知道叫我学习！我不要学习了！从来就没有让人轻松愉快过，该死的考试、该死的课本！

现在知道发怒的原因了，
那么你是属于哪一种呢？
这种情绪的表达到底是否正确呢？
请写在下面的方框内。

愤怒
3
的作用

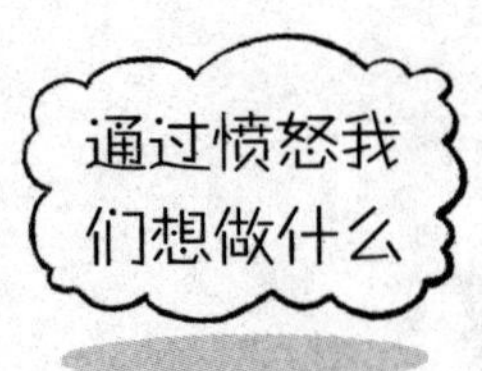

愤怒是一种复杂的情绪，它以多种方式影响着你的人际关系和生活。

愤怒可以有建设性的作用，也可以具有破坏性作用。那你到底是愤怒的主人还是愤怒的奴仆呢？你的内心深处，想通过愤怒做什么呢？

我们希望通过愤怒画出自己的底线，改变或者阻止对方的侵害行为。

愤怒是一种互动方式

我们希望通过愤怒表达多种内心感受

当在别人面前出丑，我们会用愤怒来掩饰尴尬。

愤怒可以向对方有效地警示自己的底线，阻止对方进一步的侵害意图，捍卫自己的利益。因此，愤怒在本质上是我们的一种生存机制。

这个看起来好对付，看来今天有收获了

今天老师表扬了我

站住！
把钱交出来！

身上还有没交的学费不能给他

锋利的匕首

李小龙？
他会武功？
哼！想不劳而
获，休想！我
跟你拼了！
气势汹汹
哈哈！被我吓跑
了！发怒也可以
吓倒敌手。
仓惶而逃
FIGHT
FIGHT

愤怒是一种情感宣泄

当我们的不愉快和压抑堆积在心里时，我们可能会积郁成疾。因此，适当地宣泄心中的“堰塞湖”会让我们倍感轻松。

愤怒可以赋予我们行动的勇气

有时我们看似平静，是由于克制、理智或胆怯，不敢说出自己的要求和愿望。而愤怒可以帮助我们勇敢地表达愿望和要求。

他们都小看我，说我不能独自出海！

愤怒使我们心跳加速，肾上腺素分泌增加，进而促使我们增加冲动行为的机会，也使我们更有力地握住武器，攻击敌人。

面对困难和危险时，我们有时会胆怯或者缺乏信心和动力，但是在被“激将”的情况下，愤怒可以赋予我们胆量，使我们拍案而起，挺身而行。

以适当的方式、适当的程度，在适当的时机表达愤怒，可以吓唬敌手。

也可以制止欺辱。

适当的发怒
还可以改变我们身处的情景
情景的改变又会改变我们的心情
所以要学会放飞愤怒

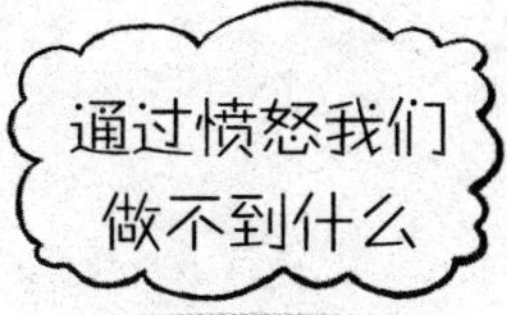

在一定限度之内，发怒是正常情绪的流露，但如果经常发怒，就会伤害到周围的人，谁愿意整天听怒吼的声音呢？当然经常发怒也会给你自己带来身心疾病。发怒作为一种强烈的情绪，是在人的情绪表达中最具有破坏力的一种生理和心理现象。

爱发怒的人就像一个容易被点燃的地雷，一旦爆发不仅伤害到自己也伤害到周围的人。

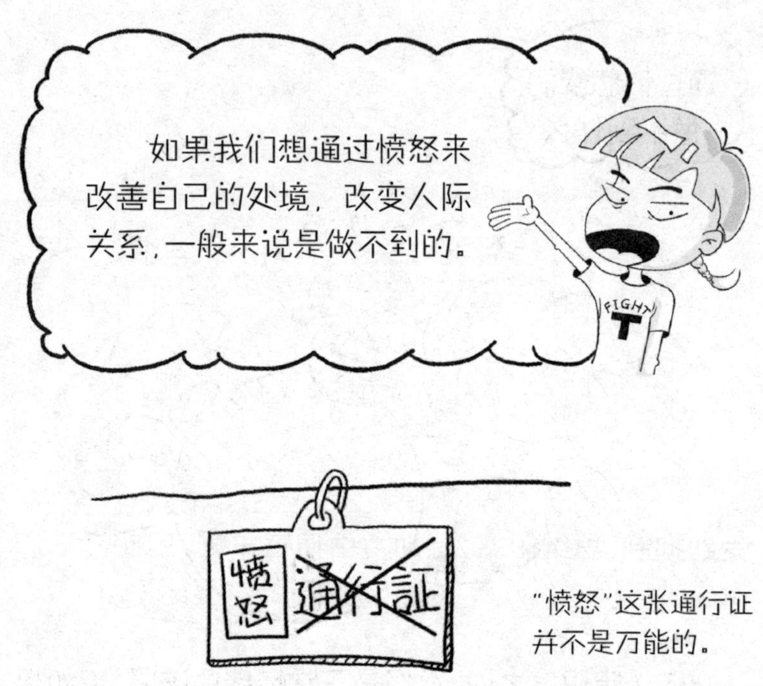

“愤怒”这张通行证并不是万能的。

因为爱发怒的人就像是全身长满刺的刺猬，没有人愿意靠近他！

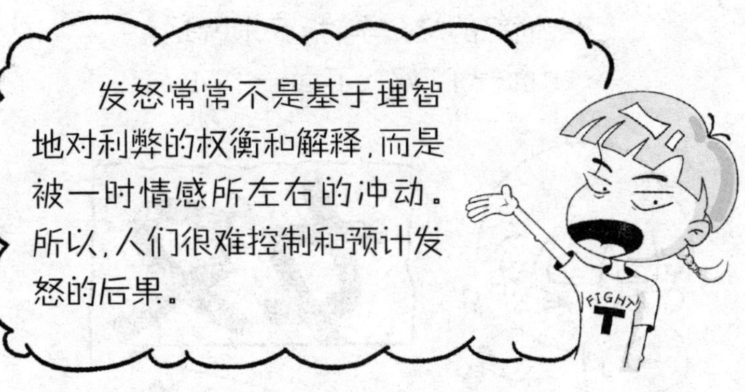

当我们被愤怒的情绪控制时，理智分析的能力就受到抑制，思维阻塞，行动力由情感支配，因此常常会做出破坏性或伤人等过激行为，有的甚至因一时冲动，行为失控而犯罪，一旦平静下来，又常常为自己的过失行为懊悔不已。

愤怒的"怒"字，拆开来就是
上面一个"奴"、下面一个"心"。

说明在你生气时，心已经成为情绪的奴隶了。

痘仔游戏里面的灵兽被抢，愤怒至极，把怒气全撒到无辜的电脑上，
这家伙居然敢抢我的灵兽！不带这样的！看我灭了你！

等一切平静下来以后……

OH!NO!
怎一个"悔"字了得……
冲动是魔鬼！灵兽抢不回来了，还白白搭上一台电脑……

让我们一起来看看愤怒导致的坏结果有哪些。

僵化关系

双方发怒的结果只会让关系更僵。

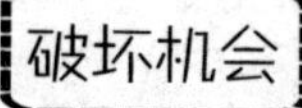

破坏机会

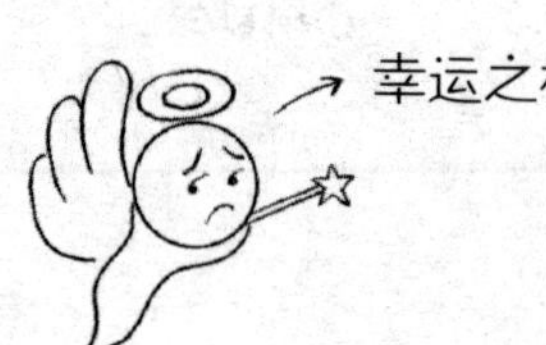

当你在愤怒的同时，也把眷顾你的幸运之神赶走了，因为没有人愿意把机会交给一个不会控制愤怒情绪的人。

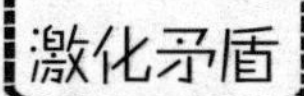

痘仔和痘丫因为一点小事闹僵了，
两个人谁也不理谁，
痘丫认识到自己也有不对的地方，
想通过一种方式缓和关系。

痘丫诚心诚意，并做了蛋糕主动向痘仔道歉。

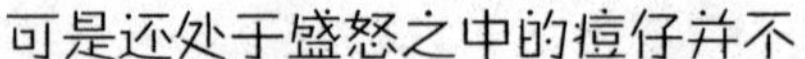
可是还处于盛怒之中的痘仔并不

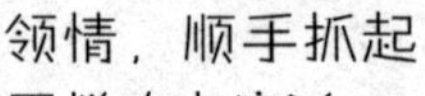
领情，顺手抓起
蛋糕攻击痘丫

这下痘丫更是不会原谅痘仔了，
痘仔的过激行为
激化了两人的
矛盾。

结下怨怼

在某些情况下
发怒的结果只会让自己
的处境更困难
爱发怒的人不但别人都怕你
而且更不喜欢你

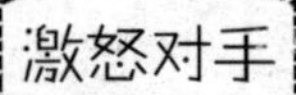

激怒对手

哼！不给你点颜色看看，你还骑到我头上去了，把我给惹毛了，看我不揍扁你！

我的妈呀，这下可惨了！真倒霉！

而有的时候发怒的后果是激怒对手，招致更严重的对立和报复！

在发怒的情感冲动下，做出的判断和决策往往是错误的，要知道，跟对手较量之前也需要衡量一下，愤怒也是需要能力的呀。

可见，我们多数发怒带来的都是坏结果，而不是我们预期的互动情况的改善。

愤怒的结果也可能是孤立、失落，

事后的懊悔……

　　有时我们把在别处感受到的不幸在弱者面前展示出来，把痛苦转移给别人。

　　把痛苦转移给别人，那只是欺软怕硬的表现，只能在弱者身上转移一时的不快，别人会更加讨厌你。

盛怒之下，我们正常的生理平衡被打破，愤怒情绪越强烈，对于我们的身体伤害越大。身体出现高度紧张状态，心跳加快、血管扩张、心律紊乱，严重时还可导致心脏停搏甚至猝死。

愤怒是危害人类健康的情绪杀手，它可导致心脏病、高血压、胃溃疡、皮疹、失眠、癌症等一系列疾病。

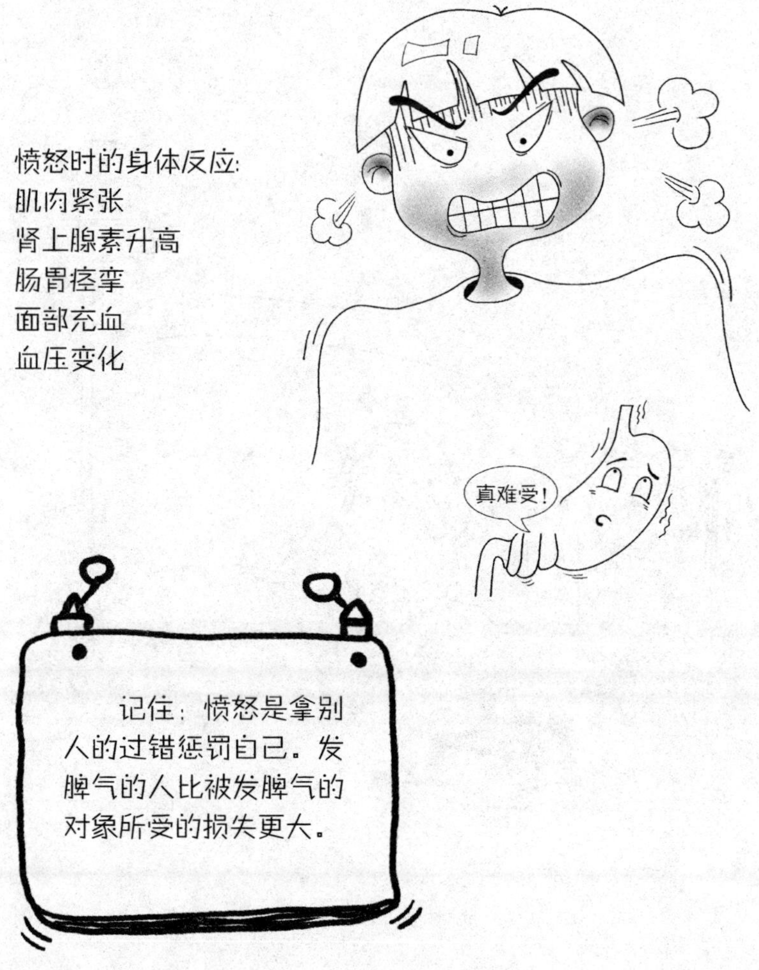

FIGHT

回想你发怒的方式是怎样的？
结果又是怎样的呢？
通过愤怒的情绪表达，你达到你想要的结果了吗？
请写在下面的方框内。

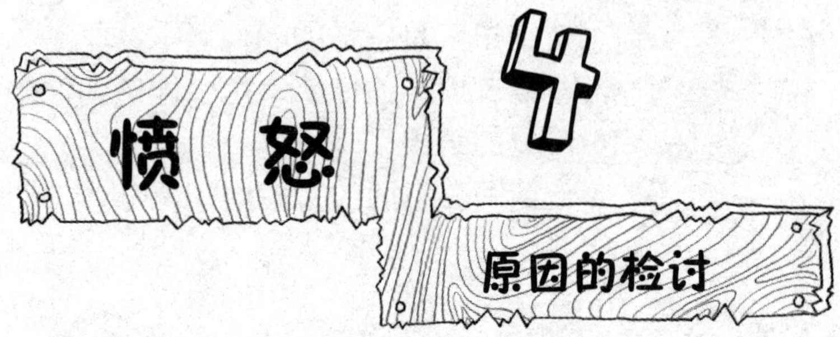

（愤怒真的像表面看来那样吗？）

前面讲到，愤怒常常发生在人与人互动的情景中。当我们在互动中感到不公平、屈辱和愿望受挫时就会产生愤怒，这是我们感受到威胁和挫折时的情绪反应。

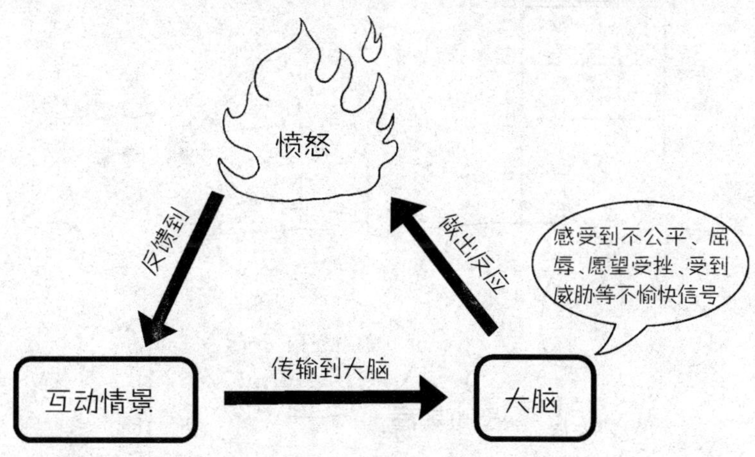

愤怒是我们在互动情景中感受的一种直接反应。

缘于外部的愤怒，主要来自于我们对感受和境遇的解释。当我们把某一特定情境中的互动定义为侵犯时，我们会愤怒。

比如……

某一天，校园里……

突如其来的一拍，着实把痘仔吓了一大跳。

痘仔因把对方的动作理解为对自己的侵犯，反应为愤怒。

当我们把某一特定情境中的互动定义为侵犯时，我们会愤怒。如果我们是另一种理解，就不会愤怒了。

这是因为我们每个人都会不自觉地戴上各式各样的"过滤镜"。

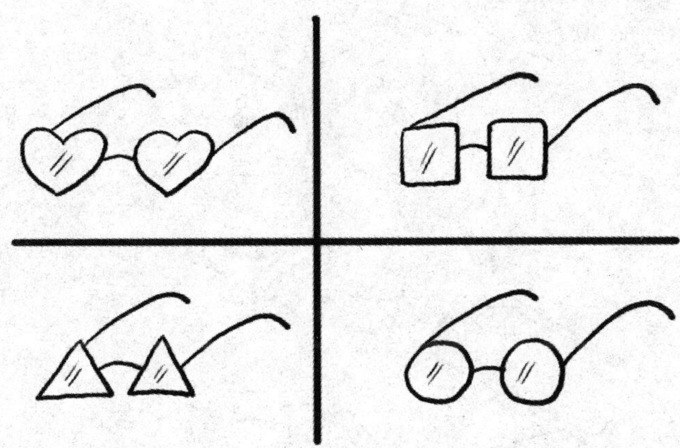

戴着不同的"过滤镜",对同一件事情的感受和境遇的解释就不同,反应也有所不同。

这个人怎么开
车的呀，不长眼睛，
溅我们一身污水，也
不停下来道个歉！
飞驰而过的汽车
溅了两人一身污
水后离去，痘仔对
这一事情带着"红
色过滤镜"，因此
感到非常愤怒。
在同一事件中
不同的感受，
反应有所不同
我想，也许他有
急事吧！也不是
故意的。
同样被溅到污水的痘丫，因
带着"绿色过滤镜"，对此看
法又有所不同。
飞驰而过
的汽车

接下来我们探讨愤怒更深层次的原因

愤怒不单缘于外部，更深层次的原因是由于愤怒来自我们内心。

是我们内心中觉得“应该”的事情没有按“应该”发生！

因为不管互动情景是怎样的都不能直接导致我们愤怒，而是我们对这一特定情境做出解释和感受以后，我们让自己愤怒。自己是一切愤怒的源头！

主人，你叫我？

愤怒由心生

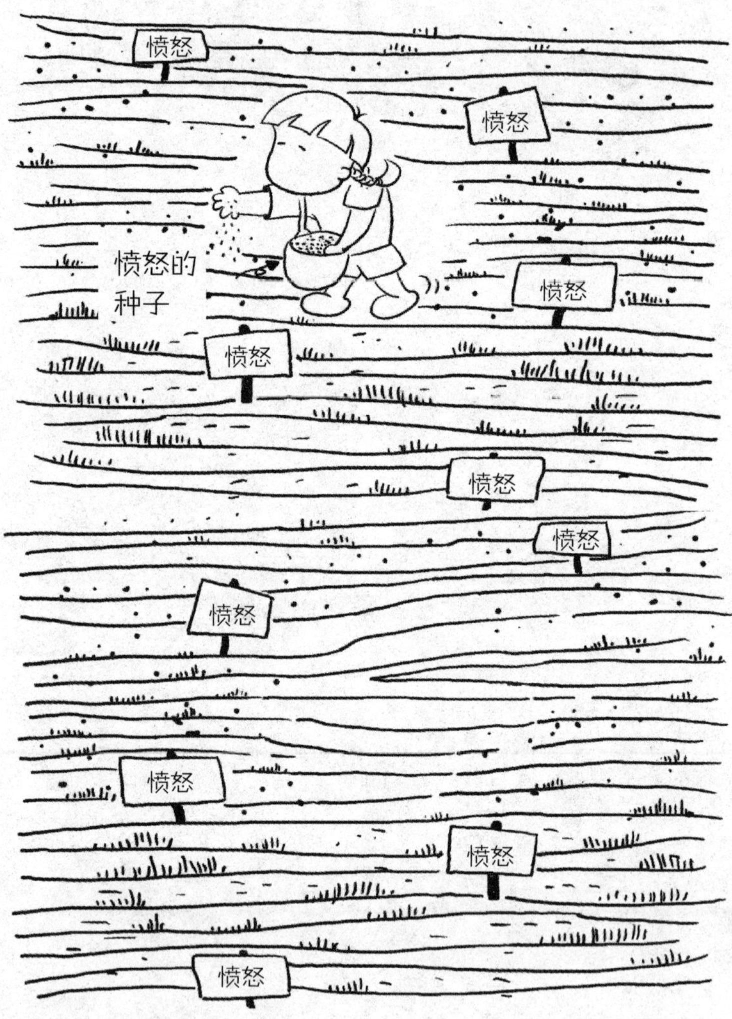

你的内心深处就好像一块田地，你在上面播下什么种子，就会收获什么。

不管别人怎么说，你就是你自己，别人的行为是不能导致你愤怒的，只有你自己才能让自己愤怒。

痘丫说痘仔是"笨蛋"，这个词本身不能伤害痘仔，当痘仔自己这样认为的时候，他就会受到伤害，因此感到愤怒。

因此在向对方表达愤怒的时候不能说"你让我很愤怒"，因为是你本人对自己的情绪负责，即使你对发生的事情或某人感到愤怒，都不是由他人影响你的，记住：怒由心生。因此，表达愤怒的时候应该跟对方诚实地说："我很愤怒。"

能否控制自己的情绪，主要取决于我们的修养和能力。当我们过于急躁，度量狭小，讲究面子，又没有能力处理问题时，就容易愤怒。

愤怒依赖于人已形成的行为准则，愤怒的程度有所不同，从轻微不满、怒、激怒到大怒等。愤怒的强度和表现与人的修养有密切关系。
一个人的修养决定了这个人内心强大的程度。
原来是这样，那我赶紧多读点书，提高自己的修养。
秉烛夜“读”

当然，能力也是非常重要的，当我们有足够的能力处理眼前的事务时，我们不会愤怒。

愤怒对个别人来说甚至是一种习惯性的情绪发作，是一种试图控制局势的努力。在其意愿和行动受挫时，他们最容易表达的是愤怒。（这是因为他们缺乏其他应对模式的学习，只知道愤怒，尽管多次受到教训，还是只有愤怒。）

愤怒就像是潜伏在我们内心深处的一个魔鬼，有的时候会不受控制地钻出来搞破坏。因此，我们要学会用理智来有效地控制它。

青少年陷于日常矛盾和生活挫折时，应对经验少，过分理想化，心态浮躁，处理问题的模式比较少，会比一般人更容易处于愤怒情绪之中。

愤怒的情绪是不可避免的，但愤怒的表达方式是可以选择的。

练习表达愤怒的方式，并做到自信地表达，既不带有攻击性，也不要过于屈从，要直接表达自己的愤怒，不要采用讥讽、挖苦的方式，要真诚地与对方沟通。

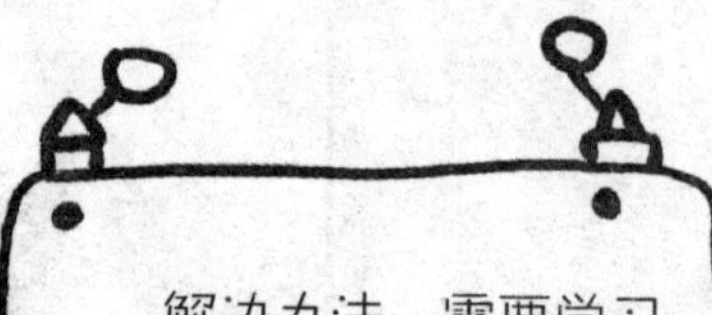

解决办法：需要学习愤怒的其他表达方式，理智地抗议，委婉地说明，冷静地表达。

理智地抗议　　　　冷静、委婉地表达

学习处理愤怒是一个人痛苦但是重要的历程，在学习处理愤怒的过程中，我们慢慢学会了如何处理自己的情绪，积累了经验，也渐渐养成了我们的平和心态。

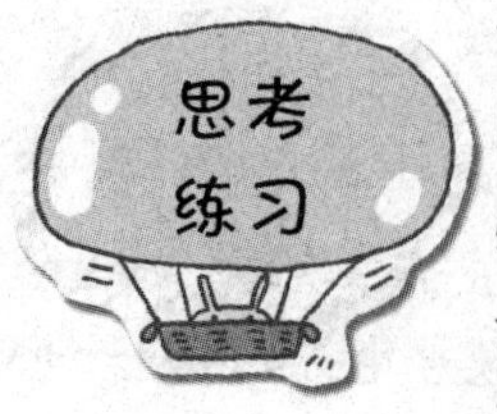

请静静地闭上眼睛，深吸一口气，
回到你曾经发怒的情景中去，
感受当时你的内心和情绪是怎样的？
是激动？是失控？还是戴着“过滤镜”？
请写在下面的方框内。

愤怒 5 是成长的过程

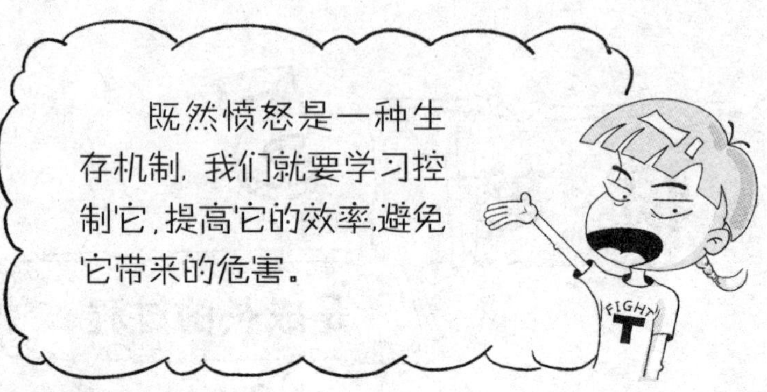

愤怒需要被管理和控制。
这是因为我们的生活并不总是尽如人意，总是有想要爆发的瞬间。
而一旦学会情绪管理，
你就可以有更好
的成长空间。

我们要学会控制情绪，学习用更多更积极的方式更好地处理自己的愤怒。如果你过去太放纵自己的情绪，那么你尝试一下压抑自己愤怒的情绪；如果你过去通常压抑自己的情绪，尝试一下发泄愤怒。

林则徐书写制怒

“制怒”才能保持清醒的状态、冷静的思考，作出正确的判断，“制怒”的内涵是一种性格，一份修养，衍生出来的是一种道德，一份能力。

常见的愤怒方式
常见的愤怒方式有消极型、攻击型、消极攻击型、自信型
还我游戏机！还我！
捶胸顿足
为什么我总是被人欺负！
消极型
哭泣
消极的愤怒方式是于事无补的，也不能消除心中的愤怒，我们应积极地面对遇到的问题，动脑筋想办法解决。
THGIƎ
T

攻击型

消极攻击型

这种方式太暴力了,
我们需要减少或者避免
这类消极的应对方式

自信型

很多时候让我们发怒的并不是什么大事，而是一些鸡毛蒜皮的小事。我们应权衡一下发怒的利和弊，试着问问自己：这值得我发怒吗？他是有意的吗？情况真的严重到需要暴跳如雷吗？是让对方闻风丧胆还是希望和他好好沟通？盛怒之下根本无法思考并回答这些问题，但是这些问题是非常重要的，它使我们知道接下来该如何去做。

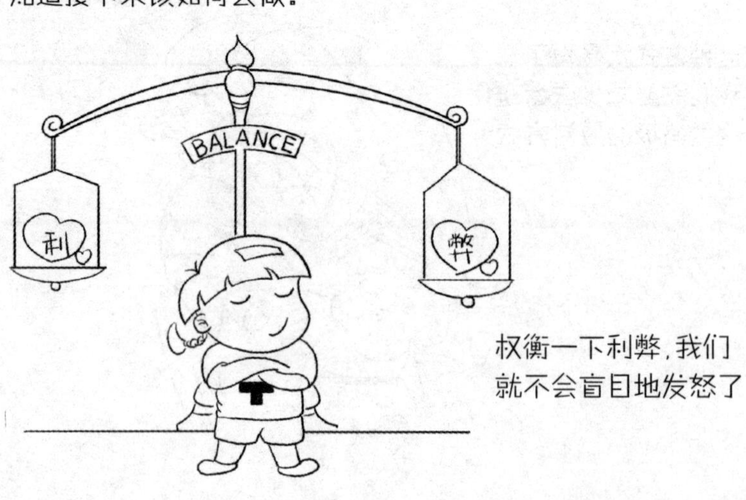

权衡一下利弊，我们就不会盲目地发怒了

不过，在愤怒的当口权衡利弊并不是容易的事情。因此，我们需要事先准备好“情绪灭火器”，在遇到怒火中烧的情况时，可以尝试平息自己心中的怒火。

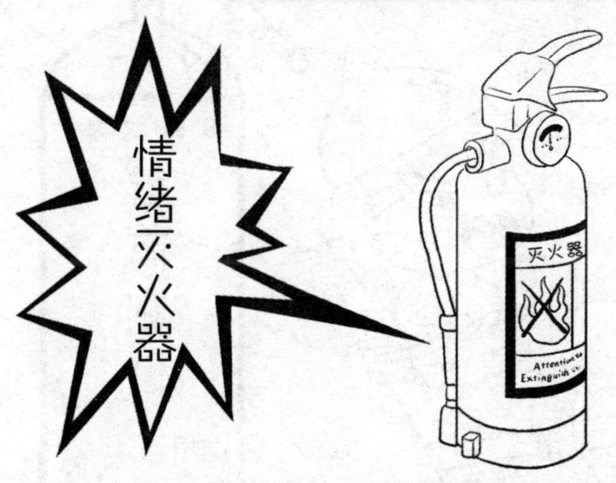

或想点其他的事情或做点什么事，让自己的思绪从愤怒的情境和情绪中转移出来。

人在愤怒的时候，智商是最低的。

痘仔在愤怒当头，智商降为负值！

所以，在愤怒的关头，所作的决定，80%以上都可能是错误的。

忠告：在生气的时候尽可能不要作匆忙的决定。

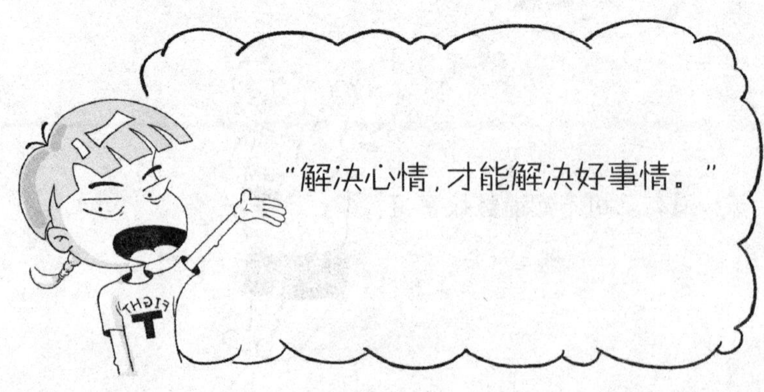

下面我们一起来学习一下有效处理愤怒的方式。

用智力来解决困境

也就是说，当我们对局面有能力控制时，我们不会发怒。有智慧或有能力的人常常通过智慧和能力来控制尴尬的局面。

忍耐，权衡利弊

遇到问题我们不能着急，在处理之前可以先权衡一下，把利和弊摆出来，权衡一下利弊。这是成熟的表现。

韩信胯下之辱

为什么韩信受胯下之辱时不愤怒呢？原来他有异于常人的见识。

找一个健康的泄洪渠道

错啦,不是这个意思!

为愤怒找一个健康的泄洪渠道，例如打假人、体育运动或找一个无人的地方大吼、唱歌等。

推荐指数：★★★★★

此方法一举两得，既锻炼了身体，又发泄了愤怒，有利于身心健康，强烈推荐！

把沙包当成泄愤对象，越是愤怒，打击力度越大

……

虽然怒火很大，但是此方法能让你很快忘记愤怒，也叫愤怒转移大法。

冷处理激动的情绪或场面

在愤怒的时候我们要时常提醒自己保持冷静

冷静！冷静！再冷静！

当愤怒来临时，口无遮拦地破口大骂或者兵戎相见，只会让局面更加糟糕。

此刻应当保持冷静，强迫自己在心中数数，直到心情平静下来。

在盛怒的情况下，一时无法控制自己的情绪，我们可以数数。最好默数的时候不是顺口从1数到100，而是像1-5-9-13……在数数的时候做点加减法运算，转移注意力，让你的大脑的理性部分复苏，愤怒的情绪将会很快平息下来。

1，5，9，13……
忍耐……17……
21……忍耐……

紧抓

抱着枕头

咦？数到多少了？
重新来！1，5，9，
13，17，21，25，29
……

现在好像不那么
愤怒了

依然紧抓着

当情绪得到控制以后，深呼吸几次，进入理性思考：

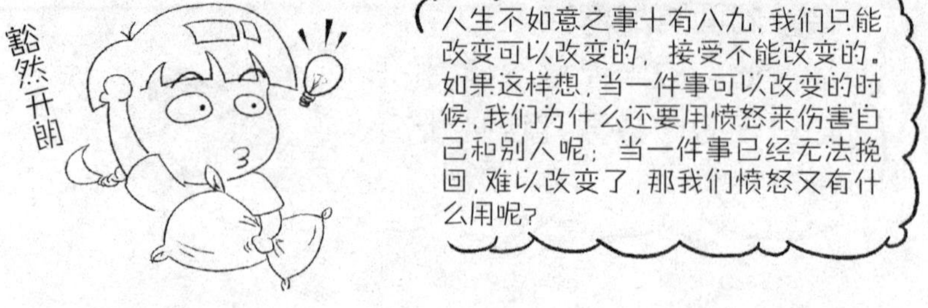

人生不如意之事十有八九，我们只能改变可以改变的，接受不能改变的。如果这样想，当一件事可以改变的时候，我们为什么还要用愤怒来伤害自己和别人呢；当一件事已经无法挽回，难以改变了，那我们愤怒又有什么用呢？

学习控制自己的愤怒情绪，还需要远离生活中各种不讲道理的人。

小狮子问老狮子，"你敢和老虎斗，与猎豹争，为什么却躲避一条疯狗？"老狮子说："为战胜一只疯狗花费精力，不值得！"

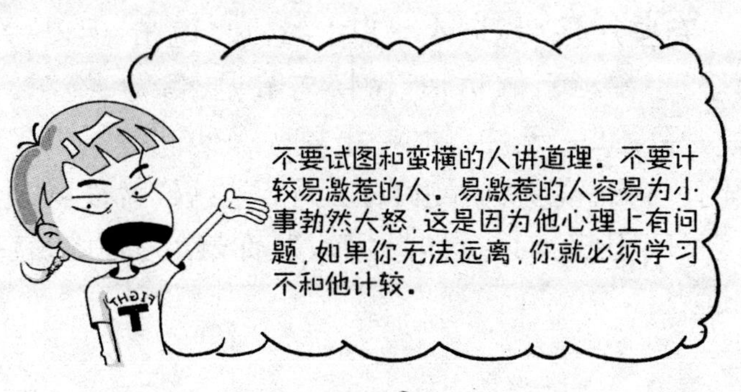

有些人是"垃圾人"。身上"垃圾"遍布：沮丧、失望、愤怒、忌妒、算计、仇恨，傲慢与偏见、贪婪、抱怨、见不得人好、愚昧、无知、烦恼、报复……他们终需找个地方倾倒。有时候，我们刚好碰上了，"垃圾"就往我们身上丢……因此，对这种"垃圾人"，你最好的办法就是离他远点。

刚才讲了在自己发怒的时候应该怎样处理，那么在别人冲动的时候应该怎么做呢？

当遇到别人勃然大怒时，我们首先应该劝阻，想办法让他分散注意力，使其平静下来。然后进行劝慰或者倾听，让对方把愤怒发泄出来。

理性地沟通

有些女孩子从小就被教育无论什么事情都要忍，要做一个淑女，不能轻易发脾气。即使你心中有一万个愤怒的火球，脸上也挂着微笑："我没事，我很好，一切都好。"

不愉快的事情积压在心中太久，心里很受伤，却不能发泄出来。还要在别人面前表现出"我很好"的样子。久而久之，会积郁成疾。

时间久了，内心的我就像一个乞丐，疲惫不堪……

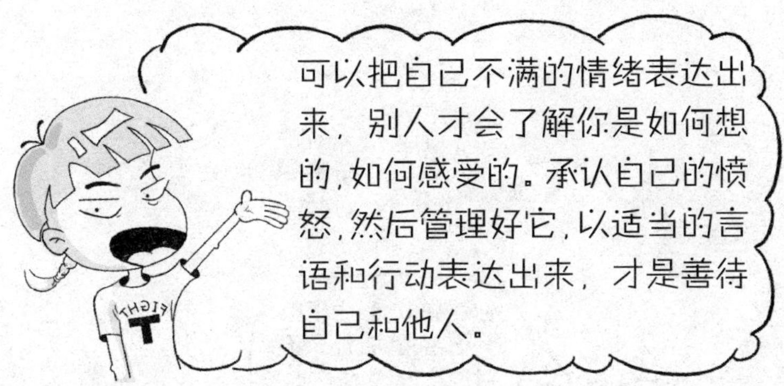

试想，如果你不表达你的愤怒，别人都不知道你内心受了伤，又怎么向你道歉呢，而你心中的怒火又怎样才能排解呢？

当与对方产生冲突或矛盾的时候，我们可以选择理性的方式，与对方坦诚地沟通，平和地解决问题，态度一定要诚恳。表达愤怒要尽量与愤怒的产生同步，不要等积压成怨恨的情绪时才表达。

在向对方表达自己的愤怒时，要尽量做到语气平和，并且自信。这样就可以减少攻击性，能够增加郑重其事的分量。表达也不可过于屈从，要直接表达自己的愤怒，真诚地与对方沟通。

在表达自己的愤怒时，要避免直呼其名，避免进行身体攻击和情绪性过强语气。如"我都要被你气疯了""我非常不同意你说（做）的事""不要来烦我""你没有权利那样做"！

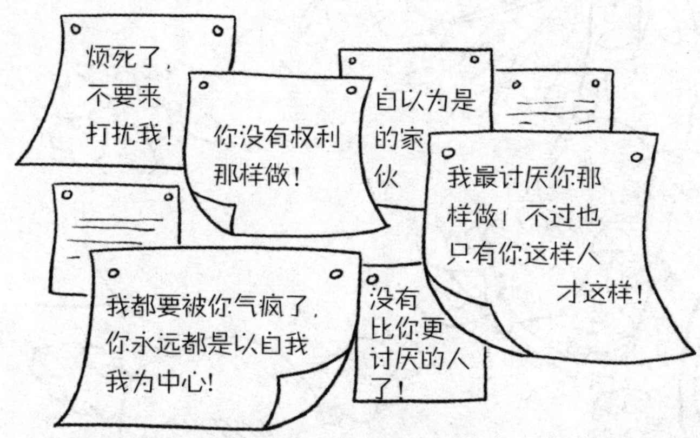

表达愤怒时，可以尽量把语速降低 1/3，音量降低 1/3。人们一般在发火时，主要表现就是声调变高，语速加快。其实，缓慢低沉的表达，既能说清楚问题的实质，又可以减少对抗。下次，即便你怒火中烧，也一定要试试用缓慢的语调说话，效果一定会很好！

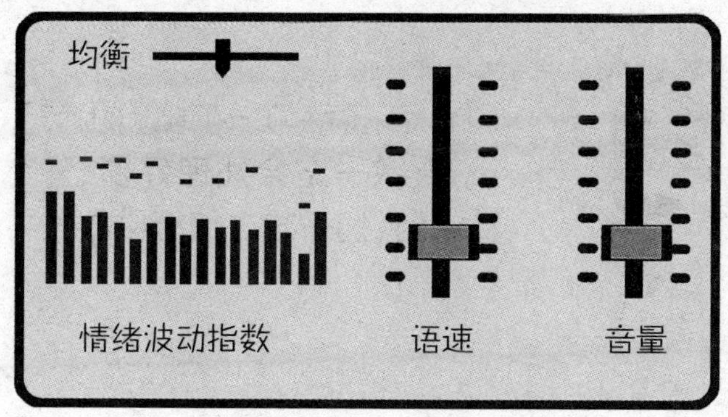

闭上眼睛。人们形容生气时常用一个成语，"怒目相视"。当你生气时，尝试闭上眼睛或将目光从对方身上移开，想象轻松愉快的场景，可以快速浇灭怒火。

多练习一下吧！相信大家一定会处理好愤怒，让我们一起在愤怒中成长吧！

只要你想着惹你生气的人和事,你的怒火就不会平息。然而一旦你意识到愤怒的情绪是源于自己考虑问题的方式,你就能更好地控制自己的情绪。

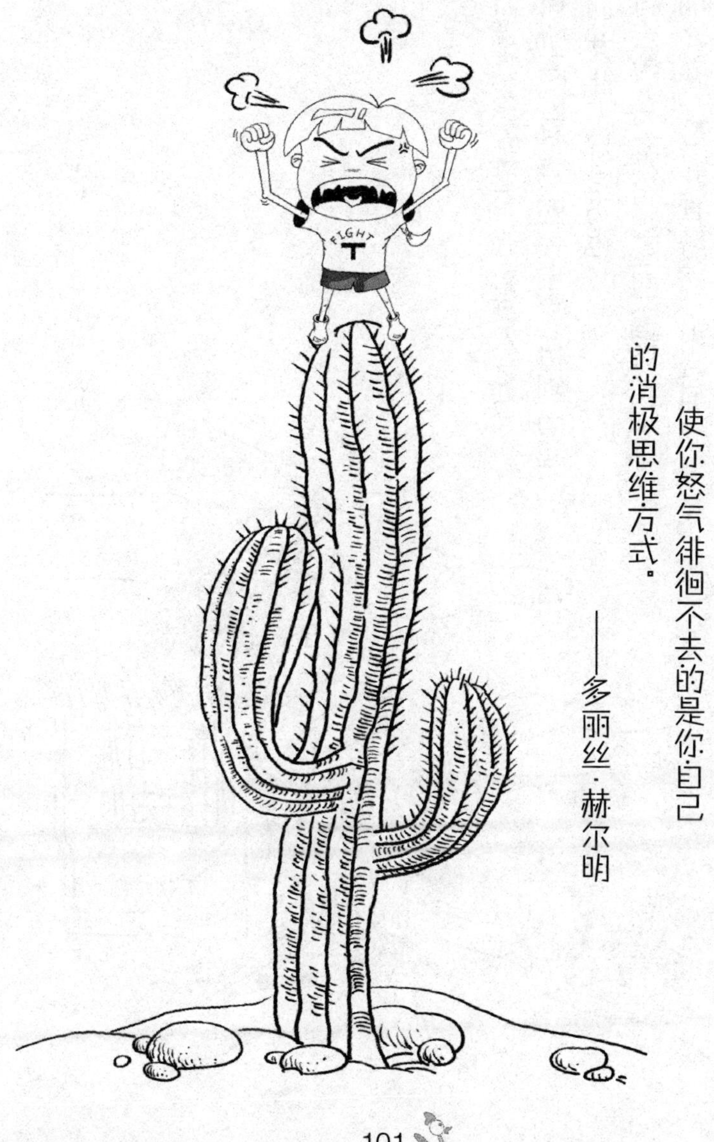

使你怒气徘徊不去的是你自己的消极思维方式。

——多丽丝·赫尔明

古之所谓豪杰之士者，必有过人之节。
人情有所不能忍者，匹夫见辱，拔剑而起，
挺身而斗，此不足为勇也。
天下有大勇者，卒然临之而不惊，
无故加之而不怒，此其所挟持者甚大，
而其志甚远也。
——苏轼

在愤怒中成长，
你有哪些收获呢？
请写在下面的方框内。

愤怒自测量表

请阅读以下 25 个令人感到不安的情景，请在空格处就你会生气的情形，填入等级数字。

0= 没有困扰

1= 有点不愉快

2= 感到不舒服

3= 相当生气

4= 非常生气

1. 当你希望尽快完成作业时，家里有人却把电视开得很大声。
2. 你辛辛苦苦地做完作业，旁边的同学却抄袭你的答案。
3. 大家都不守规矩，但只有你被处罚。
4. 你认真地准备和排练节目，最后演出却被取消了。
5. 你热情地招呼某人，但是对方却没有回应。
6. 一些人老是喜欢装模作样矫揉造作。
7. 你刚买的饮料被冒失鬼撞翻了。
8. 你刚收拾好书包，却被别人碰到地上，书本散落一地，也没有说对不起。
9. 上体育课迟到了，被老师惩罚绕操场跑一圈。
10. 周末计划好要跟朋友出去，他却在最后一秒反悔，放你鸽子。
11. 你在课堂上提问，却被同学取笑或嘲弄。
12. 骑车正在等红灯时，后面的汽车不停地猛按喇叭。
13. 你穿过马路，被交通安全员喋喋不休地教育。
14. 别人犯错，却指责是你的错。
15. 你试着专心学习，但是身旁的人却猛跺脚。
16. 你借给别人重要的书籍或工具，但是对方没有还给你。
17. 参加同学聚会回家晚了，被父母抱怨不懂事。

18. 你试着与朋友讨论一件重要事情，但是对方不给你机会表达意见。
19. 你与某人讨论事情，对方却坚持自己的观点不让步。
20. 有人对你或别人颐指气使。
21. 你必须赶到某处，但偏偏有辆车子却开得非常慢，挡住你前面的路。
22. 你在路上踩到狗屎。
23. 你想起曾被蒙骗或是背叛的经验。
24. 匆忙赶到某处，却发现应该带的重要东西忘记带了。
25. 你准备打电话，但电话亭里的那个人却长时间谈笑不放电话。

46～55分：比一般人温和。

56～75分：面对苦恼时，怒气在一般水平。

76～85分：苦恼经常表现为怒气。容易被激怒。

86～100分：这是怒气冲冲的人，人际适应很困难。

（根据诺瓦歌怒气量表、愤怒识别检核表以及其他愤怒自测表改编）

参考文献

艾里斯，2007. 别跟情绪过不去[M]. 广梅芳，译. 成都：四川大学出版社.

艾里斯，2005. 理情行为治疗[M]. 刘小箐，译. 成都：四川大学出版社.

巴史克，2005. 心理治疗入门[M]. 易之新，译. 成都：四川大学出版社.

鲍温，2009. 不抱怨的世界[M]. 陈敬旻，译. 西安：陕西师范大学出版社.

恩格尔，2008. 尊重你的愤怒[M]. 吕亚萍，译. 上海：上海三联书店.

莱瑟克曼，2008. 克服逆境的孩子[M]. 黄汉耀，译. 成都：四川大学出版社.

迈尔斯，2006. 心理学[M]. 7版. 黄希廷，等译. 北京：人民邮电出版社.

欧嘉瑞，2008. 人际沟通分析——TA治疗的理论与实务[M]. 黄佩英，译. 成都：四川大学出版社.

派瑞，2007. 伴青少年度过挣扎期[M]. 柳惠容，译. 成都：四川大学出版社.

西华德，2008. 压力管理策略[M]. 许燕，等译. 北京：中国轻工业出版社.

张春兴，1996. 现代心理学——现代人研究自身问题的科学[M]. 上海：上海人民出版社.

张笑恒，2009. 如何处理你的坏心情[M]. 北京：北京工业大学出版社.

Spradlin，2007. 别让情绪控制你的生活[M]. 蔡素玲，钟志芳，译. 新北：心理出版社.